Tryphena John
Vivek Nair

Monitorização agrícola utilizando o ZIGBEE

Tryphena John
Vivek Nair

Monitorização agrícola utilizando o ZIGBEE

ScienciaScripts

Cover image: www.ingimage.com

This book is a translation from the original published under ISBN 978-620-2-07948-8.

Publisher:
Sciencia Scripts
is a trademark of
Dodo Books Indian Ocean Ltd. and OmniScriptum S.R.L publishing group

120 High Road, East Finchley, London, N2 9ED, United Kingdom
Str. Armeneasca 28/1, office 1, Chisinau MD-2012, Republic of Moldova, Europe
Printed at: see last page
ISBN: 978-620-8-01682-1

ÍNDICE DE CONTEÚDOS

ASBTRACT :

A agricultura de precisão pode ser um conceito de gestão agrícola baseado na perceção, medição e resposta à variabilidade das culturas no campo e dentro do campo. Através da recolha de informações em tempo real sobre o clima, a qualidade do solo e do ar, a maturidade das culturas, os associados e os seus problemas, a análise preditiva será utilizada para criar melhores selecções a longo prazo. Este documento propõe um sistema de recolha de informações robusto, de baixo custo e alimentado a café, que permite a recolha de informações de forma autónoma em zonas isoladas ou remotas. O módulo do dispositivo recolhe informações sobre a humidade e a temperatura do solo, bem como sobre a temperatura e a humidade do ar. Estas informações são depois recolhidas esporadicamente por um golem, que descarrega as informações armazenadas pelo módulo do dispositivo através de comunicação zigbee para análise posterior.

CAPÍTULO 1

INTRODUÇÃO

Uma dessas práticas, a agricultura de precisão, pode reduzir significativamente a quantidade de nutrientes e de culturas alternativas utilizadas, aumentando simultaneamente os rendimentos, o que a torna uma atividade particularmente lucrativa. Os centros de agricultura de precisão recolhem e processam informações em tempo real sobre a temperatura e a humidade do solo e do ar a partir de sensores colocados nos campos cultivados, ajudando os agricultores a fazer as escolhas mais simples em matéria de plantação, fertilização e colheita. Este documento explora um sistema mais pequeno mas ainda assim robusto, utilizando a tecnologia zigbee, que pode ser utilizado por pequenas explorações agrícolas ou explorações agrícolas em áreas que não têm acesso a uma rede de fidelidade sem fios, necessária para os sistemas de grande escala atualmente utilizados. O sistema previsto combina um módulo sensor que contém informações sobre a temperatura e a humidade do solo, bem como a temperatura e a humidade do ar, com um golem que localiza autonomamente o módulo sensor e transmite as informações através de comunicação zigbee. Isto significa que não há necessidade de uma infraestrutura informática rica ou extensa e/ou de fidelidade sem fios, e que podem ser recolhidas enormes quantidades de conhecimentos para análise posterior, sem necessidade de o(s) módulo(s) sensor(es) conter(em) grandes dispositivos de armazenamento. A implementação de um RTOS personalizado contribui para o baixo valor e a elevada potência do sistema projetado.

Os contributos e o desenvolvimento no domínio da agricultura de precisão são essenciais, e estão a ser criadas muitas formas de recolher e processar informações. O desenvolvimento de redes de dispositivos sem fios para a recolha de informações tem merecido especial atenção, uma vez que os sistemas com fios se revelaram demasiado dispendiosos e complicados de gerir em ambientes agrícolas. Foram apresentadas várias propostas, como a utilização da tecnologia WLAN para criar uma rede comercial ad hoc sem fios. A WLAN é uma tecnologia perfeita para esta aplicação, uma vez que modems pequenos e de baixa potência podem ser simplesmente concebidos para comunicar entre si numa área muito grande de terreno. Mas esta proposta visa tirar partido dos sensores equipados com ZIGBEE, que estão a tornar-se rapidamente uma escolha popular e barata no mercado, com uma boa variedade de sensores. Existem propostas de recolha de conhecimentos agrícolas utilizando o ZIGBEE, mas esta proposta apenas estabelece uma única rede limitada ao alcance dos transceptores ZIGBEE. Esta proposta utiliza um mecanismo de seguimento de linhas para alargar a área de terreno que pode ser pesquisada.

CAPÍTULO 2

IMPLEMENTAÇÃO DO SISTEMA

2.1 SISTEMA DE VIGILÂNCIA AGRÍCOLA

A abordagem-chave proposta para resolver os principais problemas que os países enfrentam em termos de controlo agrícola é a seguinte: :

- Análise aprofundada das metodologias de acompanhamento agrícola existentes no país e identificação dos principais instrumentos e métodos sustentáveis, incluindo a revisão e validação das informações existentes.
- Desenvolver sistemas de vigilância agrícola inovadores, actualizados e/ou complementares e melhorar a qualidade dos dados.
- Melhorar os sistemas de recolha, análise e divulgação de dados com base em abordagens e tecnologias avançadas e na plena utilização de dados de teledeteção;
- Melhoria das previsões de superfície e de rendimento, bem como da monitorização e avaliação das culturas, com base em informações geoespaciais.
- Produzir informações sobre as terras cultivadas, incluindo os principais tipos de culturas e a dinâmica das principais culturas sazonais a nível nacional/provincial, com base na integração da teledeteção, e identificar os domínios a melhorar.

2.2 O MÉTODO DE RECOLHA DE DADOS :

Um **inquérito** é um método de recolha de dados que envolve a seleção de uma amostra de inquiridos de uma grande população, a fim de recolher informações sobre essa população. O processo de identificação das pessoas a entrevistar dentro da população é conhecido como **amostragem**.

Para recolher dados através de um inquérito, é necessário elaborar um questionário para obter informações de pessoas seleccionadas. Ao criar um questionário, há várias considerações importantes a ter em conta. Em primeiro lugar, certifica-te de que as perguntas e as opções não são ambíguas. Em segundo lugar, certifica-te de que o questionário pode ser preenchido num prazo razoável. Por último, certifique-se de que não existem erros tipográficos. Para verificar se há problemas com o questionário, utilize-o para entrevistar algumas pessoas antes de o administrar a todos os inquiridos da sua amostra. Este processo é designado por "pré-teste".

Há várias vantagens em utilizar um inquérito para recolher dados. A principal vantagem é que poupa tempo e dinheiro, porque só se está a entrevistar uma amostra e não uma grande população. Outra vantagem é que, se selecionar corretamente a sua amostra, obterá informações com uma precisão aceitável. Além disso, os inquéritos são adaptáveis e podem ser utilizados para recolher dados para governos, instituições de saúde, empresas e qualquer outro ambiente em que sejam necessários dados.

Um dos principais pontos fracos dos inquéritos é o facto de a amostra não ser devidamente selecionada; sem uma amostra adequada, os resultados não serão uma generalização exacta da população.

2.3 SISTEMA EM TEMPO REAL

Um sistema operativo em tempo real (RTOS) é um sistema operativo (SO) concebido para servir aplicações em tempo real que processam os dados à medida que estes chegam, normalmente sem atrasos de armazenamento. Os requisitos de tempo de processamento (incluindo qualquer atraso do sistema operativo) são medidos em décimos de segundo ou em incrementos de tempo mais curtos. Um sistema em tempo real é um sistema com restrições de tempo fixo bem definidas. O processamento deve ser efectuado dentro dos limites definidos, caso contrário o sistema falhará. São orientados por eventos ou com partilha de tempo. Os sistemas orientados por eventos passam de tarefa para tarefa de acordo com as suas prioridades, enquanto os sistemas de partilha de tempo passam de tarefa para tarefa de acordo com as interrupções do relógio.

Uma das principais características de um RTOS é o seu nível de consistência em termos do tempo necessário para aceitar e completar uma tarefa de aplicação; a variabilidade é o jitter. Um sistema operativo de tempo real rígido tem menos instabilidade do que um sistema operativo de tempo real suave. O principal objetivo da conceção não é um débito elevado, mas sim assegurar uma classe de desempenho suave ou difícil. Um RTOS que pode normalmente ou geralmente cumprir um prazo é um sistema operativo em tempo real suave, mas se puder cumprir um prazo de forma determinística, é um sistema operativo em tempo real duro.

Um RTOS possui um algoritmo avançado de programação. A flexibilidade do programador permite uma orquestração mais ampla das prioridades dos processos no sistema informático, mas um sistema operativo em tempo real é mais frequentemente dedicado a um conjunto restrito de aplicações. Os factores-chave para um sistema operativo em tempo real são a latência mínima de interrupção e a latência de comutação de threads; um sistema operativo em tempo real é mais valorizado pela velocidade ou previsibilidade da sua resposta do que pela quantidade de trabalho que pode realizar num determinado período de tempo.

Nos modelos típicos, uma tarefa tem três estados:

1. Em execução (em execução na Unidade Central) ;
2. Pronto (pronto a funcionar) ;
3. Bloqueado (à espera de um evento, por exemplo, E/S).

A maioria das tarefas está bloqueada ou pronta a maior parte do tempo, pois normalmente só há uma tarefa que pode ser executada de cada vez por CPU. O número de itens na fila de espera pode variar consideravelmente, dependendo do número de tarefas que o sistema tem para executar e do tipo de escalonador que utiliza. Em sistemas não preemptivos mais simples, mas ainda multitarefa, uma tarefa deve ceder seu tempo de CPU para outras tarefas, o que pode levar a mais tarefas na fila de espera (inanição de recursos). Normalmente, a estrutura de dados da lista de tarefas prontas no escalonador é concebida para minimizar o menor tempo gasto na secção crítica do escalonador, durante a qual a preempção é inibida e, em alguns casos, todas as interrupções são desactivadas. Mas a escolha da estrutura de dados também depende do número máximo de tarefas que podem aparecer na lista de tarefas prontas.

Se a lista de tarefas prontas nunca contém mais do que algumas tarefas, uma lista de tarefas prontas com dupla ligação é provavelmente óptima. Se a lista de tarefas prontas normalmente contém apenas algumas tarefas, mas ocasionalmente mais, a lista deve ser ordenada por prioridade. Desta forma, não é necessário percorrer toda a lista para encontrar a tarefa de maior prioridade a ser executada. Inserir uma tarefa envolve então percorrer a lista de tarefas prontas até chegar ao fim da lista ou a uma tarefa com uma prioridade mais baixa do que a tarefa a ser inserida.

Deve-se ter cuidado para não inibir a preempção durante esta pesquisa. As secções críticas longas devem ser divididas em partes mais pequenas. Se ocorrer uma interrupção que torne uma tarefa de alta prioridade pronta enquanto uma tarefa de baixa prioridade está a ser inserida, a tarefa de alta prioridade pode ser inserida e executada imediatamente antes de a tarefa de baixa prioridade ser inserida. O tempo de resposta crítico, por vezes referido como tempo de backoff, é o tempo necessário para colocar em fila de espera uma nova tarefa pronta e restaurar o estado de execução da tarefa de prioridade mais elevada. Num RTOS bem concebido, a preparação de uma nova tarefa demora entre 3 e 20 instruções por entrada na fila, e o restabelecimento da tarefa pronta de prioridade mais elevada demora entre 5 e 30 instruções. Em sistemas mais avançados, as tarefas em tempo real partilham recursos de computação com muitas tarefas em tempo não real e a lista de tarefas prontas pode ser arbitrariamente longa. Nestes sistemas, uma lista de tarefas prontas implementada como uma lista encadeada seria inadequada.

2.4 ALGORITMOS

Os algoritmos de programação do RTOS mais utilizados são :

- Programação cooperativa
- Programação preventiva
- Programação de taxas monotónicas
- Planeamento permanente

- Escalonamento preemptivo com prioridade fixa, uma implementação do fatiamento preemptivo do tempo
  - Programação de prioridade fixa com preempção diferida
  - Programação de prioridades fixas sem preempção
  - Programação preventiva das secções críticas
  - Programação estática do tempo

- Tempo mais curto Primeira abordagem
- Digrafos estocásticos com travessia de grafos multithreaded

2.5 COMUNICAÇÃO ENTRE TAREFAS E PARTILHA DE RECURSOS

Um sistema operativo multitarefa como o UNIX não é adequado para tarefas em tempo real. O programador dá a maior prioridade às tarefas que exigem menos do computador, pelo que não há forma de garantir que uma tarefa crítica em termos de tempo tenha acesso a recursos suficientes. Os sistemas multitarefa têm de gerir a partilha de dados e recursos de hardware entre várias tarefas. [6]Normalmente não há garantia de que duas tarefas acedam simultaneamente aos mesmos dados específicos ou recursos de hardware.^] Existem três abordagens comuns para resolver este problema:

Mascaramento/desativação temporária de interrupções

Os sistemas operativos gerais geralmente não permitem que os programas do utilizador mascarem (desactivem) as interrupções, uma vez que o programa do utilizador poderia controlar o processador durante o tempo que quisesse. Alguns processadores modernos não permitem que o código do modo de utilizador desactive as interrupções, uma vez que este controlo é considerado um recurso fundamental do sistema operativo. No entanto, muitos sistemas incorporados e RTOS permitem que a própria aplicação seja executada em modo kernel para maior eficiência das chamadas de sistema e também para permitir que a aplicação tenha um maior controlo do ambiente operativo sem necessitar da intervenção do sistema operativo.

Em sistemas de processador único, uma aplicação executada em modo kernel e que oculte as interrupções é o método mais barato de impedir o acesso simultâneo a um recurso partilhado. Quando as interrupções estão mascaradas e a tarefa atual não faz uma chamada de bloqueio ao sistema operativo, a tarefa atual tem uso *exclusivo* da CPU, uma vez que nenhuma outra tarefa ou interrupção pode assumir o controlo, pelo que a secção crítica está protegida. Quando a tarefa deixa a sua secção crítica, tem de desmascarar as interrupções; quaisquer interrupções pendentes são então executadas. As interrupções só devem ser temporariamente ocultas quando o caminho mais longo através da secção crítica for mais curto do que a latência máxima de interrupção desejada. Em geral, este método de proteção só é utilizado quando a secção crítica contém apenas algumas instruções e não contém loops. Este método é ideal para proteger registos de hardware com mapeamento de bits, em que os bits são controlados por diferentes tarefas.

Semáforos binários

Nos casos em que o recurso partilhado tem de ser reservado sem bloquear todas as outras tarefas (como esperar que a memória Flash seja escrita), é preferível utilizar mecanismos também disponíveis nos sistemas operativos gerais, como os semáforos e as mensagens interprocessos supervisionadas pelo sistema operativo. Estes mecanismos envolvem chamadas de sistema e normalmente invocam o código de distribuição do sistema operativo à saída, pelo que normalmente requerem centenas de instruções da CPU para serem executados, ao passo que o mascaramento de interrupções pode requerer apenas uma única instrução em alguns processadores. Um semáforo binário pode ser bloqueado ou não bloqueado. Quando bloqueado, as tarefas devem esperar que o semáforo seja desbloqueado. Um semáforo binário é, portanto, equivalente a um mutex. Normalmente, uma tarefa definirá um tempo limite para um semáforo. Existem vários problemas bem conhecidos nas concepções baseadas em semáforos, como a inversão de prioridades e os deadlocks.

Na inversão de prioridades, uma tarefa de alta prioridade espera porque uma tarefa de baixa prioridade tem um semáforo, mas a tarefa de baixa prioridade não tem tempo de CPU para terminar o seu trabalho. Uma solução clássica é fazer com que a tarefa que tem um semáforo seja executada com a prioridade da tarefa que está à espera há mais tempo, ou "herdá-la". Mas esta abordagem simples falha quando existem vários níveis de espera: a tarefa A está à espera de um semáforo binário bloqueado pela tarefa B, que está à espera de um semáforo binário bloqueado pela tarefa C. Gerir vários níveis de herança sem introduzir instabilidade nos ciclos é complexo e problemático. Num deadlock, duas ou mais tarefas bloqueiam semáforos sem demora e esperam indefinidamente pelo semáforo da outra tarefa, criando uma dependência cíclica. O cenário mais simples de impasse ocorre quando duas tarefas bloqueiam alternadamente dois semáforos, mas na ordem inversa. O bloqueio é evitado através de uma conceção cuidadosa ou da utilização de semáforos flutuantes, que transferem o controlo de um semáforo para a tarefa com maior prioridade em condições definidas.

Transmissão de mensagens

A outra abordagem à partilha de recursos consiste em as tarefas enviarem mensagens como parte de um sistema organizado de passagem de mensagens. Neste paradigma, o recurso é gerido diretamente por uma única tarefa. Quando outra tarefa pretende interrogar ou manipular o recurso, envia uma mensagem à tarefa gestora. Embora o seu comportamento em tempo real seja menos claro do que o dos sistemas baseados em semáforos, os sistemas simples baseados em mensagens evitam a maior parte dos riscos de bloqueio do protocolo e comportam-se geralmente melhor do que os sistemas baseados em semáforos. No entanto, são possíveis problemas semelhantes aos dos semáforos. A inversão de prioridades pode ocorrer quando uma tarefa está a trabalhar numa mensagem de baixa prioridade e ignora uma mensagem de prioridade mais elevada (ou uma mensagem proveniente indiretamente de uma tarefa de alta prioridade) na sua fila de entrada de mensagens. Podem ocorrer bloqueios de protocolo quando duas ou mais tarefas estão à espera que a outra envie mensagens de resposta.

2.6 GESTOR E PROGRAMADOR DE INTERRUPÇÕES

Uma vez que um tratador de interrupções bloqueia a execução da tarefa de prioridade mais elevada e que os sistemas operativos de tempo real são concebidos para minimizar a latência dos segmentos, os tratadores de interrupções são geralmente tão curtos quanto possível. O tratador de interrupções adia qualquer interação com o hardware, se possível; geralmente, tudo o que é necessário é reconhecer ou desativar a interrupção (para que esta não se repita quando o tratador de interrupções regressar) e informar uma tarefa de que tem de ser feita uma tarefa. Isto pode ser feito desbloqueando uma tarefa do controlador através da libertação de um semáforo, da definição de um sinalizador ou do envio de uma mensagem. Um programador oferece frequentemente a opção de desbloquear uma tarefa a partir do contexto do tratador de interrupções.

Um sistema operativo mantém catálogos dos objectos que gere, tais como threads, mutexes, memória, etc. As actualizações destes catálogos devem ser estritamente controladas. As actualizações deste catálogo devem ser rigorosamente controladas. É por isso que pode ser problemático para um manipulador de interrupções chamar uma função do sistema operativo enquanto a aplicação está a fazê-lo. A função do sistema operativo chamada por um manipulador de interrupções pode encontrar a base de dados de objectos num estado inconsistente devido à atualização da aplicação. Há duas abordagens principais para lidar com este problema: arquitetura unificada e arquitetura segmentada. Os RTOS que implementam a arquitetura unificada resolvem o problema simplesmente desactivando as interrupções durante a atualização do catálogo interno. A desvantagem é que a latência das interrupções aumenta, o que pode levar à perda de interrupções. A arquitetura segmentada não faz chamadas directas para o sistema operativo, mas delega o trabalho do sistema operativo num manipulador separado. Este manipulador é executado com uma prioridade mais alta do que qualquer thread, mas mais baixa do que os manipuladores de interrupção. A vantagem desta arquitetura é que acrescenta muito poucos ciclos à latência da interrupção. Como resultado, os sistemas operativos que implementam a arquitetura segmentada são mais previsíveis e podem lidar com taxas de interrupção mais elevadas do que a arquitetura unificada.

Da mesma forma, o modo de gestão do sistema em hardware compatível com x86 pode demorar muito tempo a devolver o controlo ao sistema operativo. Geralmente não é aconselhável escrever software em tempo real para hardware x86.

2.7 ATRIBUIÇÃO DE MEMÓRIA

A atribuição de memória é mais crítica num sistema operativo de tempo real do que noutros sistemas operativos. Em primeiro lugar, por razões de estabilidade, não pode haver fugas de memória (memória atribuída, depois não utilizada e nunca libertada). O dispositivo deve funcionar indefinidamente, sem nunca precisar de ser reiniciado. É por isso que a atribuição dinâmica de memória não é recomendada. Tanto quanto possível, toda a atribuição de memória necessária é especificada estaticamente em tempo de compilação. Outra razão para evitar a atribuição dinâmica de memória é a fragmentação da memória. Com a atribuição e libertação frequentes de pequenos blocos de memória, pode acontecer que a memória seja dividida em várias secções, caso em que o RTOS não pode atribuir um grande bloco contínuo de memória, mesmo que exista memória livre suficiente.

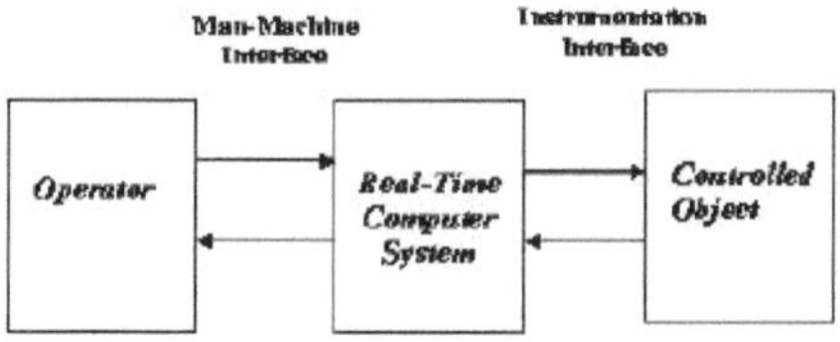

Fig. 1: Sistemas em tempo real

Em segundo lugar, a velocidade de atribuição é importante. Memória standard percorre uma lista encadeada de comprimento indeterminado para encontrar um bloco de memória livre adequado, o que é inaceitável num RTOS, uma vez que a atribuição de memória tem de ser feita dentro de um determinado período de tempo. Uma vez que os discos mecânicos têm tempos de resposta muito mais longos e imprevisíveis, a troca de ficheiros baseada em disco não é utilizada pelas mesmas razões que a atribuição de RAM acima mencionada. O algoritmo simples de tamanho de bloco fixo funciona bastante bem para sistemas incorporados simples devido ao seu baixo custo.

2.8 ÁREAS REMOTORAS :

Uma comunidade remota e isolada é uma comunidade que se encontra a uma grande distância de povoações densamente povoadas ou que não dispõe dos meios de transporte típicos das zonas mais povoadas. A definição do que é "remoto" ou "isolado" varia consideravelmente de uma parte do mundo para outra. A definição e identificação de comunidades remotas e isoladas é frequentemente efectuada pelos governos, de modo a que possam ser tidas em conta considerações especiais na prestação de serviços a estes locais de difícil acesso. Em resposta ao surto de gripe aviária em 2009, um organismo governamental canadiano (o Grupo de Trabalho sobre Comunidades Remotas e Isoladas [RITG] da Task Force H1N1 da Rede de Saúde Pública) publicou as seguintes definições de trabalho

Remota: Descreve uma área geográfica onde uma comunidade está localizada a mais de 350 km do centro de serviços mais próximo com acesso rodoviário durante todo o ano. De acordo com a definição do governo canadiano, isolado significa uma área geográfica onde há voos regulares e bons serviços telefónicos, mas onde não há acesso rodoviário durante todo o ano. É de notar que nem todas as casas de uma comunidade têm telefone e que os voos podem ser cancelados ou atrasados devido às condições climatéricas.

Sensores e actuadores do Data Droid :

O Data Droid é composto por 3 sensores, cada um dos quais utiliza o protocolo de comunicação I2C (InterIntegrated Circuit). Os elementos de deteção de infravermelhos (IR) e de cor pertencem aos brinquedos Mindstorms EV3 e o elemento de deteção do seguidor de linha, o Line Leader v2 (LL), é fabricado pela Mind Sensors. O dróide de informação é controlado por dois motores EV3 gigantes. Nesta aplicação, o elemento de deteção IR é utilizado para a deteção de objectos pelo dróide informativo e foi concebido para funcionar em modo de proximidade. Neste modo, o elemento de deteção pode detetar a proximidade de um objeto em teste em relação ao androide de informação. A proximidade pode ser um desempenho não linear da distância, como mostra a figura I. O elemento sensor de cor é capaz de detetar até oito cores (ver figura 2) e é utilizado para detetar a linha vermelha de paragem que desencadeia a transferência de informação. O elemento sensor LL é um complicado elemento de deteção de linhas com um controlador de doença inflamatória pélvica incorporado (controlador proporcional integral-derivativo). O sensor LL foi concebido para seguir um ponto de referência numa superfície preta. A direção do dróide de informação é controlada através do ajuste da velocidade de cada um dos dois motores.

Arquitetura do sistema Data Droid :

O Data Droid foi desenvolvido usando a placa Arduino Mega ADK. Esta plataforma foi escolhida devido à variedade de shields disponíveis, que podem ser combinados com a placa para alargar a sua funcionalidade. Neste caso, foi escolhido o shield NXShield MX Open Electrons para acoplar as peças necessárias à placa Arduino. No caso dos sensores de infravermelhos e de cor, foi necessário um adaptador UART para I2C, uma vez que estes sensores utilizam comunicação UART (recetor/transmissor assíncrono universal) em vez de I2C. O NXShield-MX tem 2 bancos com endereços I2C completamente diferentes. Endereços I2C completamente diferentes. Cada banco tem 2 motores e 2 portas 12C capazes de comunicar com hardware ou código 12C. No entanto, apenas uma porta, a BAS 1, utiliza o I2C de hardware, pelo que, para evitar o I2C de código intensivo do processador, todos os sensores foram ligados à BAS 1 através de um divisor de portas MindSensors. O módulo de sensores, ilustrado na Figura 4, é composto por um microcontrolador Arduino, um conjunto de sensores, a eletrónica zigBee Silver, um visor de cristais líquidos {display|LCD|exibição alfanumérica} e é alimentado por uma bateria de 9V. O módulo de sensores inclui três sensores: um sensor de movimento, um sensor de movimento e um sensor de movimento. O conjunto de sensores inclui três sensores: I)DHT11- um sensor digital de baixo valor que monitoriza a temperatura do ar de 0-50 graus Celsius e a humidade do ar de 20-80%; 2) DS 18820- um sensor digital à prova de água de 1 fio que monitoriza a temperatura do solo de 10-85 graus Celsius; 3) SENO 114- um sensor analógico de grau associado que monitoriza a humidade do solo. Foram utilizadas as bibliotecas livres criadas no mercado pelo DHT11 e DS 18B20. A informação recolhida por cada um dos três sensores é armazenada numa matriz de dezasseis unidades de memória do computador, juntamente com um carimbo de data/hora e um controlo de dois bytes, como mostra a figura seis. Cada atividade do detetor é armazenada como um pequeno conhecimento e a operação millisO é utilizada para obter o carimbo de data/hora, que permite seguir o tempo em relação ao início do programa. Cada matriz de dezasseis unidades de memória do computador é escrita na EEPROM de dez em dez minutos. O último endereço de memória na EEPROM é utilizado para gerir o índice de escrita da EEPROM, que é atualizado com o endereço da última localização de armazenamento que foi escrita. O índice de escrita da EEPROM é documentado aquando da inicialização do programa, para que, em caso de corte de corrente, o programa retome a memorização a partir do local principal do Arduino, desde que haja espaço suficiente para armazenar o preço de um dia de conhecimento (16 B x seis horas x vinte e quatro horas = 2304 B). Se os limites de memória forem ultrapassados antes de a informação ser descarregada para o dróide de informação, o módulo de deteção substitui o conhecimento armazenado numa base FIFO (first-in, first-out).

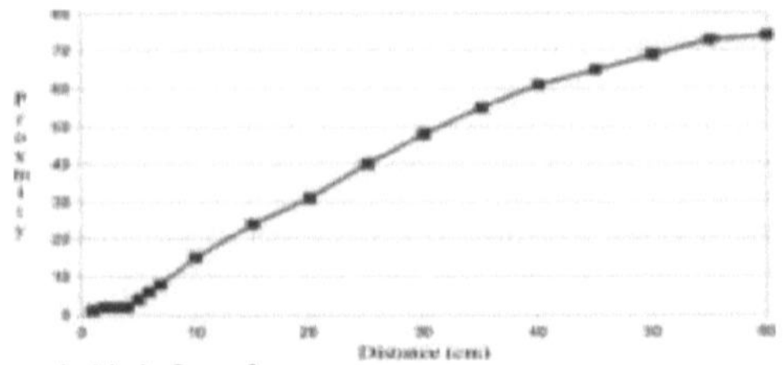

rigure I; ΓK Leitura de proximidade Scnrof

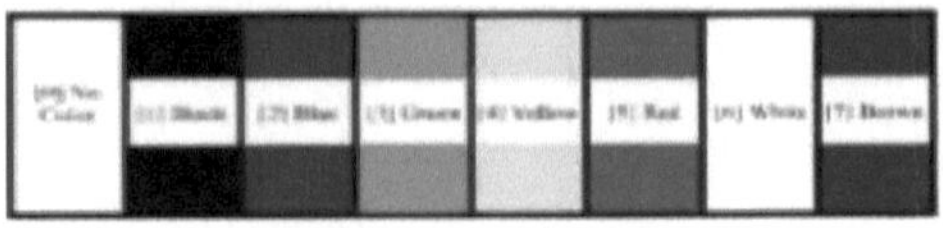

Fig 2: Leitura do código de cores

2.9 TESTE :

Os testes de hardware KNOS foram efectuados de forma diferente para o Data Droid e, por conseguinte, para o módulo de deteção. O Data Droid utiliza um temporizador de hardware de 16 bits configurado para funcionar a cada 262 ms. O módulo de deteção utiliza o millisO integrado. O módulo de deteção utiliza um millisO integrado que depende do ISR do temporizador principal do Arduino. A metodologia do Data Droid é completamente correcta, uma vez que o temporizador do hardware pode fazer tique-taque invariavelmente, mesmo que seja interrompido. Esta metodologia está de facto integrada no sistema KNOS. O serviço millisO depende do ISR, que incrementa os valores de tick para calcular o temporizador. Assim, no caso de uma grande interrupção, o desempenho do millisO será menos correto.

A. Droid de dados

O Data Droid usa um relógio de hardware para estimar os tempos de execução. No início de cada tarefa, com exceção da tarefa de informação do temporizador de saída (OTIT), é chamada a tarefa Get begin TimeO. Esta tarefa pode analisar o temporizador do hardware e armazená-lo em Tasks[i]. Hora de início. A frequência de Tarefas[i] será incrementada, tornando possível registar o número de vezes que a tarefa foi interrompida. No topo da tarefa, o serviço Get finish TimeO será conhecido como. Este serviço pode calcular o tempo de execução e o tempo de intervalo e armazená-los no componente TASK T correspondente do KNOS. O tempo de execução é a proporção de tempo que a tarefa demorou a executar, que pode incluir qualquer preempção. O tempo de intervalo é o tempo decorrido desde que a tarefa foi executada pela última vez. Em média, o tempo de intervalo deve corresponder à quantidade da tarefa. Uma vez programada a OTIT, são calculados os tempos comuns de execução e de intervalo.

B. Módulo sensor :

Os testes do módulo de deteção incidiram no tempo de execução das tarefas e na interferência na programação das tarefas. Em primeiro lugar, o módulo de deteção foi testado para determinar o tempo de execução de cada tarefa. De seguida, todas as tarefas foram programadas com o mesmo tempo de execução de 2 segundos. O resultado da execução das tarefas num único teste foi o seguinte:

Início da escrita na EEPROM: 1999

Fim da escrita na EEPROM: 2055

Início do Bluetooth Tx: 2055

Fim do Bluetooth Tx: 2056

Início rápido para leitura do sensor: 2056

Fim da leitura do sensor de alta velocidade: 2066

Início lento da leitura do sensor: 2067

Fim da leitura do sensor lento: 2155

Início da visualização da impressão: 2155

Fim do ecrã de impressão: 2157

A sequência acima mostra que o programador executa as tarefas por ordem de prioridade, com uma perda de tempo mínima devido à mudança de contexto. Finalmente, a preempção foi testada executando duas tarefas: a tarefa de leitura rápida do sensor foi programada a cada 50ms segundos e a tarefa de leitura lenta do sensor foi programada a cada 2 segundos. A saída em 2 segundos foi a seguinte:

Início rápido da leitura do sensor: 1999

Fim da leitura do sensor de alta velocidade: 2001

Arranque lento da leitura do sensor: 2002

Início rápido da leitura do sensor: 2050

Fim da leitura rápida do sensor: 2052

Fim da leitura lenta do sensor: 2089

A sequência acima mostra que uma tarefa de prioridade mais elevada suspenderá uma tarefa de prioridade mais baixa até que a tarefa de prioridade mais elevada seja concluída.

C. Comunicação :

Enquadramento de pacotes :

Os protocolos de comunicação utilizam convenções diferentes para distinguir os elementos e formatar os dados. Por exemplo, no protocolo ponto-a-ponto, o pacote é formatado em bytes de 8 bits e são utilizados caracteres especiais para delimitar os diferentes elementos. Outros protocolos, como o Ethernet, estabelecem o início do cabeçalho e dos elementos de dados de acordo com a sua localização relativamente ao início do pacote. Alguns protocolos formatam a informação a nível de bits em vez de a nível de bytes.

Uma analogia para o conceito de pacote é a carta postal: o cabeçalho é como o envelope, e a carga útil é todo o conteúdo dentro do envelope.

Há dois usos principais de pacotes no projeto de rede: *deteção de erros* e *endereçamento de múltiplos hosts.* Um pacote é composto pelos seguintes elementos.

Endereços

O encaminhamento de pacotes de rede requer dois endereços de rede, o endereço de origem do anfitrião de envio e o endereço de destino do anfitrião de destino.

Deteção e correção de erros

A deteção e correção de erros é efectuada a diferentes níveis da pilha de protocolos. Os pacotes de rede podem conter uma soma de controlo, bits de paridade ou verificações de redundância cíclica para detetar erros que ocorrem durante a transmissão. Ao nível do remetente, o cálculo é efectuado antes de o pacote ser enviado. Quando é recebido pelo destinatário, a soma de controlo é recalculada e comparada com a contida no pacote. Se forem encontradas discrepâncias, o pacote pode ser corrigido ou rejeitado. Qualquer perda de pacote é tratada pelo protocolo de rede. Em alguns casos, pode ser necessário modificar o pacote de rede durante o encaminhamento, caso em que as somas de controlo são recalculadas.

Número de saltos

No caso de uma falha, os pacotes podem acabar por passar por um circuito fechado. Se nada for feito, o número de pacotes que circulam acabará por se acumular até que a rede fique congestionada ao ponto de falhar. O time to live é um campo que é diminuído em um cada vez que um pacote passa por um nó da rede. Se o campo chegar a zero, o encaminhamento falhou e o pacote é descartado.

Os pacotes Ethernet não têm campo de vida e estão, por isso, sujeitos a radiação de dispersão na presença de um loop de comutação.

Comprimento

Pode haver um campo para identificar o comprimento total do pacote. No entanto, nalguns tipos de rede, o comprimento está implícito na duração da transmissão.

Prioridade

Algumas redes implementam uma qualidade de serviço que pode dar prioridade a certos tipos de pacotes em relação a outros. Este campo indica qual a fila de pacotes que deve ser utilizada; uma fila de alta prioridade é esvaziada mais rapidamente do que as filas de menor prioridade em pontos da rede onde há congestionamento.

Carga útil

Em geral, os dados de carga útil são os que são transportados em nome de uma aplicação. O seu comprimento é geralmente variável, até um máximo estabelecido pelo protocolo de rede e, por vezes, pelo equipamento na rota. Algumas redes podem dividir um pacote maior em pacotes mais pequenos, se necessário.

Os testes do módulo de deteção centram-se no tempo necessário para enviar um pacote individual,

É altura de enviar uma carga completa de dados. Adicionando uma saída serial para fins de depuração, aqui estão os dados recebidos pelo mestre:

Início do pacote: 71831

SOT000000000000000000000007CFOOO I00D7

Fim da embalagem: 71834

O que precede demonstra que a transmissão de um único

O remetente demora cerca de 3 ms a transmitir um pacote. O tempo de execução para enviar um pacote e receber uma resposta do coletor de dados foi testado e concluiu-se que é, em média, de 11 ms :

Início do pacote: 81309

SOT0000000000000000000007CFOOO I00D7

Fim da embalagem: 81312

OK

Fim da embalagem: 81320

Durante um teste de download de uma EEPROM completa, o slave envia 255 pacotes para um tempo total de download de aproximadamente 4,3 segundos. Isto é um pouco mais longo do que o esperado, dada a duração de uma transmissão individual. No entanto, este tempo foi medido enquanto todas as tarefas estavam a decorrer em ambos os sistemas e inclui tentativas de pacotes perdidos.

<table>
<tr><td>00</td><td>01</td><td>02</td><td>03</td><td>04</td><td>05</td><td>06</td><td>07</td><td>08</td><td>09</td><td>10</td><td>11</td><td>12</td><td>13</td><td>14</td><td>15</td><td>16</td><td>17</td><td>18</td><td>19</td><td>20</td><td>21</td><td>22</td><td>23</td><td>24</td><td>25</td><td>26</td><td>27</td><td>28</td><td>29</td><td>30</td><td>31</td><td>(bit position)</td></tr>
<tr><td colspan="4">Version</td><td colspan="4">IHL</td><td colspan="8">QoS</td><td colspan="16">Length</td><td></td></tr>
<tr><td colspan="16">Identification</td><td>0</td><td>DF</td><td>MF</td><td colspan="13">Fragment Offset</td><td></td></tr>
<tr><td colspan="8">TTL</td><td colspan="8">Protocol</td><td colspan="16">Checksum</td><td></td></tr>
<tr><td colspan="32">Source IP</td><td></td></tr>
<tr><td colspan="32">Destination IP</td><td></td></tr>
</table>

1. 4 bits que contêm a versão, que especifica se se trata de um pacote IPv4 ou IPv6,
2. 4 bits que contêm o comprimento do cabeçalho da Internet, que é o comprimento do cabeçalho em múltiplos de 4 bytes (por exemplo, 5 significa 20 bytes).
3. 8 bits que contêm o tipo de serviço, também conhecido como Qualidade de Serviço (QoS), que descreve a prioridade a dar ao pacote,
4. 16 bits que contêm o comprimento do pacote em bytes,
5. 16 bits que contêm uma etiqueta de identificação para ajudar a reconstruir o pacote a partir de vários fragmentos,
6. 3 bits. O primeiro contém um zero, seguido de um sinalizador que indica se o pacote está autorizado a ser fragmentado ou não (DF: Don't fragment), e um sinalizador que indica se

outros fragmentos de um pacote se seguem (MF: More Fragments).

7. 13 bits contendo o offset do fragmento, um campo utilizado para identificar a posição do fragmento no pacote original
8. 8 bits que contêm o Time to live (TTL), ou seja, o número de saltos (router, computador ou dispositivo ao longo de uma rede) pelos quais o pacote pode passar antes de morrer (por exemplo, um pacote com um TTL de 16 poderá passar por 16 routers para chegar ao seu destino antes de ser rejeitado),
9. 8 bits que contêm o protocolo (TCP, UDP, ICMP, etc.)
10. bits que contêm a soma de controlo do cabeçalho, um número utilizado para a deteção de erros,
11. 32 bits que contêm o endereço IP de origem,
12. 32 bits que contêm o endereço de destino.

Após estes 160 bits, é possível adicionar sinalizadores opcionais de comprimento variável, que podem mudar consoante o protocolo utilizado, e depois são adicionados os dados que o pacote transporta. Um pacote IP não tem fim. No entanto, um pacote IP é frequentemente transportado como carga útil dentro de um quadro Ethernet, que tem o seu próprio cabeçalho e trailer.

Muitas redes não garantem a entrega, a não duplicação de pacotes ou a entrega de pacotes por ordem, por exemplo, o protocolo UDP da Internet. No entanto, é possível sobrepor um protocolo de transporte ao serviço de pacotes que pode fornecer essa proteção; o TCP e o UDP são os melhores exemplos na camada 4, a camada de transporte, do modelo OSI de sete camadas.

CAPÍTULO 3

DESCRIÇÃO DO SOFTWARE E DO HARDWARE

3.1 ZIGBEE

O Zigbee é uma especificação baseada na norma IEEE 802.15.4 para um conjunto de protocolos de comunicação de alto nível utilizados para criar redes pessoais com rádios digitais pequenos e de baixa potência, tais como para domótica, recolha de dados de dispositivos médicos e outras necessidades de baixa potência e baixa largura de banda, concebidas para projectos de pequena escala que requerem uma ligação sem fios. O Zigbee é, por conseguinte, uma rede ad hoc sem fios de proximidade (ou seja, pessoal) de baixa potência e baixa largura de banda.

A tecnologia definida pela especificação Zigbee destina-se a ser mais simples e mais barata do que outras redes pessoais sem fios (WPAN), como o Bluetooth ou redes sem fios mais gerais, como o Wi-Fi. As aplicações incluem interruptores de luz sem fios, monitores de energia domésticos, sistemas de gestão de tráfego e outros equipamentos de consumo e industriais que exigem uma transferência de dados sem fios de baixa velocidade e de curto alcance.

O seu baixo consumo de energia limita as distâncias de transmissão a 10-100 metros em linha de vista, dependendo da potência de saída e das características ambientais^.[1]] Os dispositivos Zigbee podem transmitir dados a longas distâncias, passando-os através de uma rede em malha de dispositivos intermédios para chegar a dispositivos mais distantes. O Zigbee é normalmente utilizado em aplicações de baixa velocidade de transmissão de dados que exigem uma longa duração da bateria e uma rede segura (as redes Zigbee são protegidas por chaves de encriptação simétricas de 128 bits). O Zigbee tem um débito de dados definido de 250 kbit/s, que é mais adequado para transmissões de dados intermitentes de um sensor ou dispositivo de entrada.

O ZigBee pode ser uma rede em malha sem fios de baixo custo e baixa potência, normalmente utilizada para o desenvolvimento em grande escala de dispositivos de longa duração em aplicações de gestão e observação sem fios. Os dispositivos Zigbee têm baixa latência, o que reduz ainda mais a corrente média. Os chips ZigBee são normalmente incorporados em rádios e microcontroladores que têm 60KB a 256KB de memória não volátil. O ZigBee funciona nas bandas de rádio industriais, científicas e médicas (ISM): 2,4 gigabytes na maior parte das jurisdições do mundo; 784 megabytes na China, 868 megabytes na Europa e 1,5 megabytes na América do Norte. 915 Mc nos Estados Unidos e na Austrália. As taxas de conhecimento variam entre vinte kbit/s (868

Mc) a 250 kbit/s (banda de 2,4 gigabytes)

Fig3. Zigbee

3.2 I2C (circuito integrado)

I2C é um protocolo de série para uma interface de dois fios para ligar dispositivos de baixa velocidade, como microcontroladores, EEPROMs, conversores A/D e D/A, interfaces I/O e periféricos semelhantes em sistemas incorporados. Inventada pela Philips, é atualmente utilizada por quase todos os principais fabricantes de circuitos integrados. Cada dispositivo escravo I2C necessita de um endereço, que deve ser sempre obtido junto da NXP (antiga Philips Semiconductors).

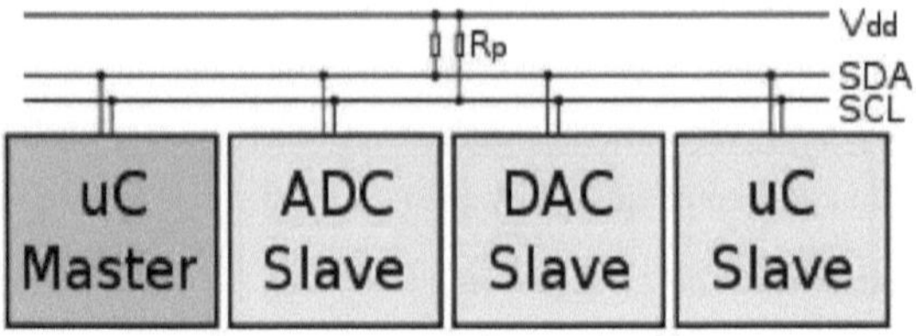

Fig4.1 C_2

O barramento I2C é popular porque é simples de utilizar, pode haver mais do que um mestre, só é definida a velocidade máxima do barramento e só são necessários dois fios com resistências pull-up para ligar um número quase ilimitado de dispositivos I2C. O I2C pode utilizar até microcontroladores mais lentos com pinos de E/S de uso geral, uma vez que estes só precisam de gerar condições correctas de arranque e paragem, para além das funções de leitura e escrita de byte único.

Cada dispositivo escravo tem um endereço único. A transferência de e para o dispositivo mestre é efectuada em série e dividida em pacotes de 8 bits. Todos estes requisitos simples tornam muito fácil a implementação da interface I2C, mesmo com microcontroladores baratos que não têm um controlador de hardware I2C especial. Tudo o que precisa são 2 pinos I/O livres e algumas rotinas i2C simples para enviar e receber comandos.

As especificações iniciais do I2C definiam uma frequência de relógio máxima de 100 kHz. Esta frequência foi posteriormente aumentada para 400 kHz no modo rápido. Existe também um modo de alta velocidade que pode ir até 3,4 MHz e um modo ultrarrápido de 5 MHz.

Interface I2C

O I2C utiliza apenas dois fios: SCL (relógio de série) e SDA (dados de série).

Ambos devem ser puxados para cima com um resistor em +Vdd. Existem também deslocadores de nível I2C que podem ser utilizados para ligar a dois barramentos I2C com tensões diferentes.

Endereços I2C

A comunicação I2C básica usa transferências de 8 bits ou bytes. Cada dispositivo escravo I2C tem um endereço de 7 bits que deve ser único no barramento. Alguns dispositivos têm um endereço I2C fixo, enquanto outros têm algumas linhas de endereço que determinam os bits inferiores do endereço I2C. Isto torna muito fácil assegurar que todos os dispositivos I2C no bus têm um endereço I2C único. Há também dispositivos que têm um endereço de 10 bits, conforme permitido pela especificação.

O endereço de 7 bits representa os bits 7 a 1, enquanto o bit 0 é utilizado para assinalar a leitura ou a escrita no dispositivo. Se o bit 0 (no byte de endereço) for definido, o dispositivo mestre lerá a partir do dispositivo escravo I2C.

O dispositivo mestre não precisa de um endereço, uma vez que gera o relógio (via SCL) e endereça os vários dispositivos escravos I2C.

Protocolo I2C

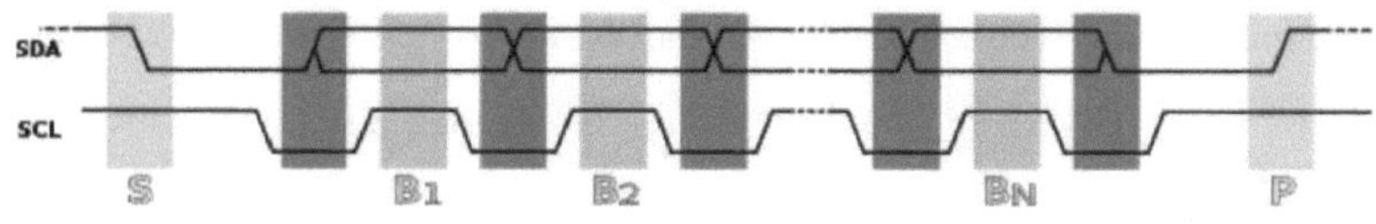

Fig5. I $_2$Protocolo C

Num estado normal, ambas as linhas (SCL e SDA) estão no estado alto. A comunicação é iniciada pelo dispositivo mestre. Este gera a condição de início (S) seguida do endereço do dispositivo escravo (B1). Se o bit 0 do byte de endereço tiver sido definido como 0, o dispositivo mestre escreve no dispositivo escravo (B2). Caso contrário, o byte seguinte será lido a partir do dispositivo escravo. Quando todos os bytes tiverem sido lidos ou escritos (Bn), o dispositivo mestre gera uma condição de paragem (P). Isto indica aos outros dispositivos no barramento que a comunicação está concluída e que outro dispositivo pode utilizar o barramento.

A maioria dos dispositivos I2C suporta a condição de início repetido. Isto significa que antes de a comunicação terminar com uma condição de paragem, o dispositivo mestre pode repetir a condição de início com o byte de endereço e alterar o modo de escrita para leitura.

O I2C é uma interface de dois fios, uma linha de relógio e uma linha de informação, que permite a ligação de vários dispositivos a dois fios semelhantes, desde que necessitem de um endereço 12C de 7 bits separado. O endereço de 7 bits permite até 127 dispositivos coincidentes, mas isso é muitas vezes fantástico devido a limitações físicas.

3.2 KNOS (sistema operativo de Kiet Nguyen)

O KNOS é um software desenvolvido para o pequeno controlador Atmel ATmega2560 e é baseado no RIOS (Riverside/Irvine Open Source Software). O RIOS pode ser um hardware de tarefas, escrito em C, desenvolvido para os mais recentes programadores de sistemas incorporados da Organização Mundial de Saúde que necessitam de suporte multitarefa básico. Estão disponíveis 3 versões, oferecendo capacidades básicas de multitarefas preventivas ou não preventivas. O RIOS é um programador de tarefas escrito inteiramente em C que :

- é simples e fácil de compreender para programadores de software incorporado principiantes
- Pode fornecer capacidades básicas de multitarefa, tanto preemptivas como não preemptivas, para tarefas cooperativas.
- Requer apenas algumas dezenas de linhas de código C. Reduz a necessidade de um RTOS (sistema operativo em tempo real).

O KNOS utiliza o hardware preventivo do RIOS e acrescenta o escalonamento e a comunicação entre tarefas para se tornar um pacote completo capaz de programar tarefas e sincronizar a partilha de recursos. Além disso, graças à função de bloqueio de tarefas do KNOS, se uma tarefa for bloqueada, o sistema é capaz de determinar se a tarefa deve ser reenviada.

3.3 SENSORES

Na sua definição mais ampla, um sensor é um componente eletrónico, módulo ou subsistema cujo objetivo é detetar eventos ou alterações no seu ambiente e enviar a informação para outros dispositivos electrónicos, frequentemente um processador de computador. Um sensor é sempre utilizado com outros componentes electrónicos, sejam eles tão simples como uma lâmpada ou tão complexos como um computador.

Os sensores são utilizados em objectos do quotidiano, tais como botões de elevador sensíveis ao toque (sensores tácteis) e lâmpadas que se ligam ou desligam tocando na sua base, para não mencionar inúmeras aplicações de que a maioria das pessoas nunca ouviu falar. Graças aos avanços na micromaquinação e às plataformas de microcontroladores fáceis de utilizar, as utilizações dos sensores expandiram-se para além das áreas tradicionais de medição de temperatura, pressão ou fluxo, por exemplo, no campo dos sensores MARG. Além disso, os sensores analógicos, como os potenciómetros e as resistências sensíveis à força, continuam a ser amplamente utilizados. As aplicações incluem fabrico e maquinaria, aeronaves e aeroespacial, automóveis, medicina, robótica e muitos outros aspectos da nossa vida quotidiana.

A sensibilidade de um sensor indica o quanto a saída do sensor varia quando a quantidade de entrada medida muda. Por exemplo, se o mercúrio de um termómetro se mover 1 cm quando a temperatura muda 1°C, a sensibilidade é de 1 cm/°C (isto é essencialmente o declive Dy/Dx assumindo uma caraterística linear). Alguns sensores podem também afetar o que medem; por exemplo, um termómetro à temperatura ambiente inserido num copo com líquido quente arrefece o líquido enquanto o líquido aquece o termómetro. Os sensores são geralmente concebidos para terem um pequeno efeito sobre o que é medido; a redução do tamanho do sensor melhora frequentemente este efeito e pode ter outros benefícios. Os avanços tecnológicos significam que cada vez mais sensores podem ser fabricados a uma escala microscópica, sob a forma de microssensores que utilizam a tecnologia MEMS. Na maioria dos casos, um microssensor atinge uma velocidade e sensibilidade significativamente mais elevadas do que as abordagens macroscópicas.

Sensor EV3 :

Tipos de sensores ev3

- EV3 Sensor de cor.
- Sensor giroscópio EV3.
- Sensor de infravermelhos EV3.
- Sensor ultrassónico EV3.
- Sensor tátil EV3.

EV3 Sensor de cor.

O sensor de cor EV3 pode detetar até sete cores, a ausência de cor, a luz e a intensidade da luz. Um sensor de cor é frequentemente utilizado por amadores e estudantes para aplicações robóticas, como a deteção de objectos, o seguimento de uma linha ou a deteção de luz normal ou reflectida. O novo sensor concebido para o kit EV3 oferece características melhoradas em relação ao anterior sensor de cor NXT. O sensor de cor digital EV3 pode ser utilizado para aplicações que detectem a ausência de cor, detectem a diferença entre cores, bem como para aplicações que detectem até sete cores diferentes. O mesmo sensor pode ser utilizado para detetar a intensidade da luz.

Com estas funcionalidades melhoradas, os utilizadores do LEGO Mindstorms EV3 podem construir aplicações robóticas utilizando o sensor de cor do EV3 para classificar objectos, experimentar diferentes reflexos de luz ou aplicações robóticas de seguimento de linhas baseadas nas funcionalidades avançadas do sensor.

Características

- Deteção de até sete cores.
- Detetar a ausência de cor.
- Funciona com luz ambiente.
- Frequência de amostragem de 1 kHz.
- A identificação automática está integrada no software EV3.

Sensor giroscópio EV3

Fig7. Sensor de giroscópio do EV3

Alta precisão e medições multi-eixo são duas características melhoradas do mais recente sensor giroscópico da série Mindstorms. Os sensores giroscópicos são utilizados para ajudar a estabilidade de um robô. O sistema mecânico pode determinar a rotação e a orientação do robô em vários eixos, permitindo aos utilizadores medir ângulos e conceber robôs com sistemas de navegação adequados. Explorando as características do sensor giroscópico do EV3, é possível construir robôs equilibradores com um elevado grau de precisão nos seus movimentos.

Características

- Medir o movimento de rotação e as mudanças de orientação.
- Precisão de +/- 3 graus.
- Saída máxima de 440 graus/segundo.
- Frequência de amostragem de 1 kHz.

Sensor de infravermelhos EV3

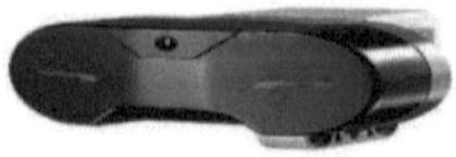

Fig8. Sensor de infravermelhos do EV3

O novo sensor de infravermelhos EV3 oferece uma maior precisão e pode ser utilizado numa vasta gama de aplicações. Apoiando a leitura dos sinais emitidos pelo sinalizador de infravermelhos EV3, o sensor de infravermelhos EV3 foi concebido para detetar a proximidade de um robô. Este tipo de sensor é frequentemente utilizado para detetar obstáculos ou para controlar robôs à distância. O sensor tem uma medição de proximidade de 50-70 centímetros, enquanto a distância de funcionamento da baliza é de até dois metros.

Características

- Medição de proximidade de 50 a 70 cm.
- São suportados quatro canais de sinal.
- Até dois metros de distância de trabalho da baliza.
- Pode receber comandos remotos por infravermelhos.

Sensor ultrassónico EV3 :

Fig9. Sensor ultrassónico EV3

O novo sensor ultrassónico EV3 oferece muitas mais funcionalidades, incluindo sonar e medição de distâncias melhorada. Um sensor ultrassónico funciona com ondas e é frequentemente utilizado em aplicações para medir a distância entre um robô e os objectos circundantes. O sensor emite ondas sonoras e recebe os seus ecos para detetar e medir a distância entre um ou mais objectos. O novo sensor ultrassónico EV3 pode ser utilizado como um sonar passivo ou ativo, entre outras aplicações. O sensor ultrassónico EV3 foi concebido para uma vasta gama de aplicações, incluindo medição de distâncias, deteção ou monitorização de tráfego.

Características

- A distância pode ser medida até 250 cm (~100 polegadas).
- Precisão de +/- 1 cm (+/- 0,394 polegadas).
- Reconhecer outros sons ultra-sónicos.

Sensor tátil EV3

Fig10. Sensor tátil EV3

Com um botão montado na frente e um contador incorporado, o sensor tátil EV3 é um sensor simples e preciso que pode ser utilizado numa vasta gama de aplicações, como jogos ou sistemas de controlo. Útil para deteção e altamente preciso, o sensor tátil EV3 é uma ferramenta analógica simples com um botão na frente e um contador para premir e soltar o botão. Este sensor é normalmente utilizado para sistemas de controlo de arranque/paragem, jogos como robôs que resolvem labirintos e muitas outras aplicações.

Características

- Furo no eixo transversal do botão ;

O sensor digital de procura por infravermelhos EV3 detecta a proximidade do robô e lê os sinais emitidos pelo sinalizador de infravermelhos EV3. Os alunos podem criar robôs telecomandados, navegar em percursos de obstáculos e aprender como a tecnologia de infravermelhos é utilizada nos controlos remotos da televisão, nos sistemas de vigilância e até no equipamento de aquisição de alvos.

- Medição de proximidade de aproximadamente 50-70 cm
- Distância de funcionamento da baliza até dois metros
- Suporte para quatro canais de sinal
- Receber comandos do controlo remoto por infravermelhos
- A identificação automática está integrada no software EV3

O androide de informação é gerido por dois motores EV3 gigantes. Nesta aplicação, o elemento de deteção de infravermelhos é utilizado para detetar objectos no dróide informativo e foi concebido para funcionar em modo de proximidade. A proximidade pode ser um desempenho não linear da distância. O elemento de deteção de cor é capaz de detetar até oito cores e é utilizado para detetar a linha vermelha de paragem que desencadeia a transferência de informação.

SENSOR LL

O sensor LL é um sensor complicado de seguimento de linhas com um controlador de doença inflamatória pélvica integrado (controlador proporcional, integral e derivado). O sensor LL foi concebido para seguir um ponto de referência numa superfície preta. A direção do dróide de informação é controlada através do ajuste da velocidade de cada um dos dois motores.

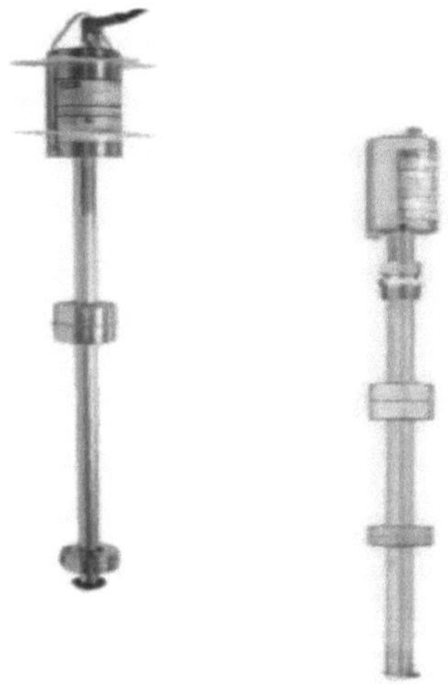

Fig11. Sensor LL

3.5 DROID

Um **droid** é um robô fictício com um certo grau de inteligência artificial na franquia de ficção científica Star *Wars*. Inventado pelo artista de efeitos especiais John Stears, o termo é uma forma abreviada de "androide", uma palavra originalmente reservada a robots concebidos para parecerem e agirem como seres humanos. A palavra "droid" é uma marca registada da Lucas film Ltd desde 1977.

Androide de protocolo

Um dróide de protocolo é especializado em tradução, etiqueta e costumes culturais, e tem geralmente uma aparência humanoide]. O exemplo mais notável é o C-3PO, introduzido na *Guerra das Estrelas e* presente em todas as sequelas e prequelas. 4-LOM é um dróide de protocolo transformado em caçador de prémios que responde ao apelo de Darth Vader para capturar a Millennium Falcon em O *Império Contra-Ataca* (1980). TC-14 é um dróide programado por uma mulher que aparece em *Star Wars: Episódio I - A Ameaça Fantasma* (1999) e ME-8D9 é um "dróide de protocolo antigo de fabrico desconhecido" que reside e trabalha como tradutor no castelo de Maz Kanata em Takodana em *Star Wars: O Despertar da Força (*2015).

. Sistema Data Droid

O Data Droid foi desenvolvido usando a placa Arduino Mega ADK. Esta plataforma foi escolhida devido à variedade de shields disponíveis, que podem ser combinados com a placa para alargar a sua funcionalidade. Neste caso, foi escolhido o NXShield-MX da Open Electrons para ligar os componentes necessários à placa Arduino. No caso dos sensores de infravermelhos e de cor, foi necessário um adaptador UART para I2C, uma vez que estes sensores utilizam comunicação UART (recetor/transmissor assíncrono universal) em vez de I2C. O NXShield-MX tem 2 bancos de

Endereços I2C. Cada banco tem 2 motores e 2 portas 12C capazes de comunicar com hardware ou código 12C. No entanto, apenas uma porta, a BAS 1, utiliza I2C de hardware. Assim, para evitar o uso intensivo de código I2C pelo processador, todos os sensores foram ligados ao BAS 1 através de um divisor de portas MindSensors. O módulo de sensores, ilustrado na Figura 4, é composto por um microcontrolador Arduino, um conjunto de sensores, a eletrónica zigBee Silver, um ecrã de cristais líquidos {display|LCD|anfanumérico} e é alimentado por uma bateria de 9V. O módulo de sensores inclui três sensores: um sensor de movimento, um sensor de movimento, um sensor de movimento e um sensor de movimento. O conjunto de sensores é composto por três sensores: I)DHT11- um sensor digital de baixo valor que monitoriza a temperatura do ar de 0-50 graus Celsius e a humidade do ar de 2080%; 2) DS 18820- um sensor digital à prova de água de 1 fio que monitoriza a temperatura do solo de 10-85 graus Celsius; 3) SENO 114- um sensor analógico de grau associado que monitoriza a humidade do solo. Foram utilizadas as bibliotecas livres criadas no mercado pelo DHT11 e DS 18B20. A informação recolhida por cada um dos três sensores é armazenada numa matriz de dezasseis unidades de memória do computador, juntamente com um carimbo de data/hora e um controlo de dois bytes, como mostra a figura seis. Cada atividade do detetor é armazenada como um conhecimento curto e a operação millisO é utilizada para obter o carimbo de data/hora, que permite seguir o tempo em relação ao início do programa. Cada matriz de dezasseis unidades de memória do computador é escrita na EEPROM de dez em dez minutos. O último endereço de memória na EEPROM é utilizado para gerir o índice de escrita da EEPROM, que é atualizado com o endereço da última localização de armazenamento que foi escrita. O índice de escrita da EEPROM é documentado aquando da inicialização do programa, para que, em caso de corte de energia, o programa retome a memorização a partir do local principal do Arduino, desde que haja espaço suficiente para armazenar o preço de um dia de conhecimento (16 B x seis horas x vinte e quatro horas = 2304 B). Se os limites de memória forem ultrapassados antes de a informação ser descarregada para o dróide de informação, o módulo de deteção substitui o conhecimento armazenado numa base FIFO (first-in, first-out).

3.6 ARDUINO

Arduino é uma empresa de hardware e software de fonte aberta, um projeto e uma comunidade de utilizadores que concebe e fabrica microcontroladores de placa única e kits de microcontroladores para a construção de dispositivos digitais e objectos interactivos capazes de detetar e controlar objectos no mundo físico. Os produtos do projeto são distribuídos como hardware e software gratuitos ao abrigo da GNU Lesser General Public License (LGPL) ou da GNU General Public License (GPL), que permite a qualquer pessoa construir placas Arduino e distribuir software. As placas Arduino estão disponíveis comercialmente como placas pré-montadas ou como kits de bricolage.

As placas Arduino utilizam uma variedade de microprocessadores e controladores. As placas estão equipadas com um conjunto de pinos de entrada/saída (E/S) digitais e analógicos que podem ser ligados a várias placas de expansão *(shields)* e a outros circuitos. As placas têm interfaces de comunicação em série, incluindo o barramento de série universal (USB) em alguns modelos, que também são utilizadas para carregar programas a partir de computadores pessoais. Os microcontroladores são geralmente programados utilizando um dialeto de características das linguagens de programação C e C++. Para além de utilizar cadeias de ferramentas de compilação tradicionais, o projeto Arduino fornece um ambiente de desenvolvimento integrado (IDE) baseado no projeto de linguagem Processing.

O projeto Arduino começou em 2003 como um programa para estudantes no InteractionDesign Institute Ivrea em Ivrea, Itália, com o objetivo de oferecer a principiantes e profissionais uma forma simples e barata de criar dispositivos que interagem com o seu ambiente utilizando sensores e actuadores. Robôs simples, termóstatos e detectores de movimento são exemplos comuns destes dispositivos para amadores principiantes.

O nome *Arduino* vem de um bar em Ivrea, Itália, onde alguns dos fundadores do projeto se encontravam. O bar recebeu o nome de Arduino de Ivrea, Marquês de Marcha de Ivrea e Rei de Itália de 1002 a 1014.

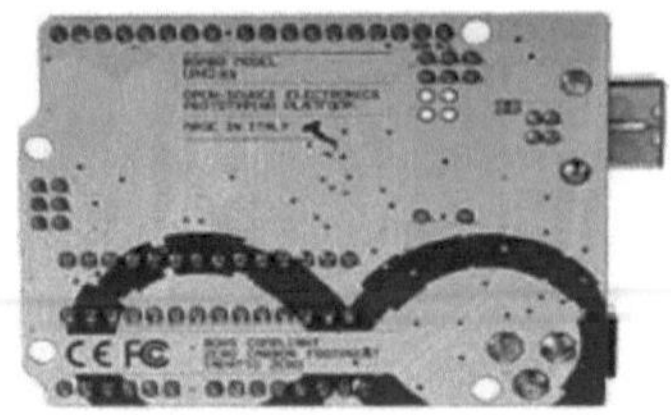

Fig12. Placa Arduino

cense e estão disponíveis no sítio Web do Arduino. Também estão disponíveis ficheiros de layout e de produção para algumas versões de hardware. O código fonte do IDE é lançado sob a GNU General Public License, versão 2. No entanto, a equipa do Arduino nunca publicou uma nomenclatura oficial para as placas Arduino.

Embora os projectos de hardware e software estejam disponíveis gratuitamente ao abrigo de uma licença copyleft, os criadores solicitaram que o nome Arduinoto fosse exclusivo do produto oficial e não fosse utilizado em trabalhos derivados sem autorização. O documento oficial sobre a utilização do nome Arduino sublinha que o projeto está aberto à integração do trabalho de outras pessoas no produto oficial. Vários produtos compatíveis com o Arduino existentes no mercado evitaram o nome do projeto, utilizando vários nomes terminados em -duino.

Uma das primeiras placas Arduino com uma interface série RS-232 (em cima, à esquerda) e um microcontrolador Atmel ATmega8 (preto, em baixo, à direita); os 14 pinos de E/S digitais estão em cima, os 6 pinos de entrada analógica em baixo, à direita, e o conetor de alimentação em baixo, à esquerda.

A maioria das placas Arduino é constituída por um microcontrolador Atmel AVR de 8 bits (ATmega8, ATmega168, ATmega328, ATmega1280, ATmega2560) com quantidades variáveis de memória flash, pinos e funcionalidades. O Arduino Due de 32 bits, baseado no Atmel SAM3X8E, foi introduzido em 2012. As placas utilizam pinos de uma ou duas filas ou conectores fêmea que facilitam as ligações para programação e incorporação noutros circuitos. Estes podem ser ligados a módulos adicionais chamados shields. [2]Os shields múltiplos ou mesmo sobrepostos podem ser endereçados individualmente através de um barramento série IC. A maioria das placas inclui um regulador linear de 5 V e um oscilador de cristal de 16 MHz ou um ressonador de cerâmica. Alguns modelos, como o LilyPad, funcionam a 8 MHz e dispensam o regulador de tensão integrado devido a restrições específicas do fator de forma.

Os microcontroladores Arduino são pré-programados com um carregador de arranque que simplifica o descarregamento de programas para a memória flash do chip. O carregador de arranque predefinido para o Arduino UNO é o carregador de arranque optiboot. [23]As placas são carregadas com código de programa através de uma ligação em série a outro computador. Algumas placas de série Arduino contêm um circuito de mudança de nível para converter os níveis lógicos RS-232 em sinais de nível transistor-transistor-logic (TTL). As placas Arduino actuais são programadas através do bus universal de série (USB), utilizando adaptadores USB-série como o FTDI FT232. Algumas placas, como as mais recentes placas Uno, substituem o chip FTDI por um chip AVR separado que contém firmware USB-serial, reprogramável através do seu próprio conetor ICSP. Outras variantes, como o Arduino Mini e o Boarduino não oficial, utilizam um cartão ou cabo adaptador USB-para-série destacável, Bluetooth ou outros métodos, quando utilizados com ferramentas tradicionais de microcontroladores, em vez do IDE Arduino, é utilizada a programação standard do AVR no sistema (ISP).

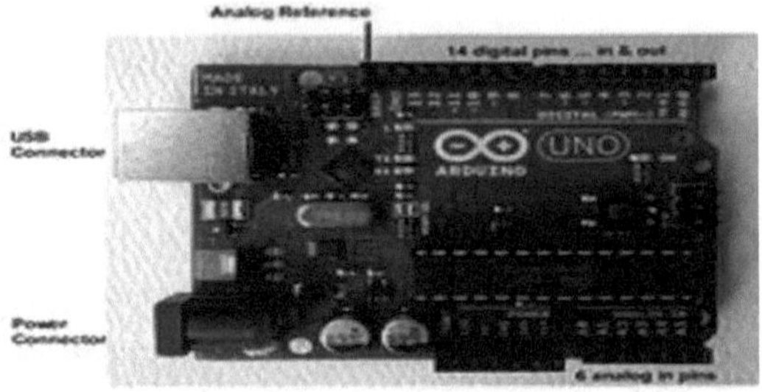

Fig13. Arduino UNO

A placa Arduino expõe a maior parte dos pinos de E/S do microcontrolador para serem utilizados por outros circuitos. Os actuais Diecimila, Duemilanove e Uno fornecem 14 pinos de E/S digitais, seis dos quais podem produzir sinais modulados por largura de impulso, e seis entradas analógicas, que também podem ser utilizadas como seis pinos de E/S digitais. Estes pinos estão localizados na parte superior da placa, através de conectores fêmea de 2,54 mm (0,1 polegadas). Estão também disponíveis comercialmente vários escudos de aplicação plug-in. O Arduino Nano e as placas Bare Bones Board e Boarduino compatíveis com o Arduino podem fornecer pinos de cabeçalho macho na parte inferior da placa que podem ser ligados a placas de ensaio sem soldadura.

Existem muitas placas compatíveis com o Arduino e derivadas do Arduino. Algumas são funcionalmente equivalentes a um Arduino e podem ser utilizadas indistintamente. Outras melhoram o Arduino básico adicionando controladores de saída, muitas vezes para utilização nas escolas, para simplificar a construção de buggies e pequenos robots. Outras são eletricamente equivalentes, mas alteram o formato, mantendo por vezes a compatibilidade com as placas, outras vezes não. Algumas variantes utilizam processadores diferentes, que variam em termos de compatibilidade.

ARDINO MEGA 2560 :

A Mega 2560 é uma placa de microcontrolador baseada no ATmega2560, com 54 pinos de entrada/saída digitais (15 dos quais podem ser utilizados como saídas

PWM), 16 entradas analógicas, 4 UART (portas série de hardware), um oscilador de cristal de 16 MHz, uma ligação USB, uma tomada de alimentação, um conetor ICSP e um botão de reinicialização. Contém tudo o que o microcontrolador necessita, pelo que basta ligá-lo a um computador com um cabo USB, ou alimentá-lo com um adaptador AC/DC ou uma bateria, e está pronto a funcionar. A placa Mega 2560 é compatível com a maioria dos shields.

O Arduino Mega 2560 é uma plataforma de física livre de grau de associado que suporta o ATmega2560, um microcontrolador de grau de associado de 8 bits da Atmel Jewish calendar month R. A placa tem cinquenta e quatro pinos de E/S digitais, dezasseis entradas analógicas, quatro UART, um oscilador de cristal de dezasseis Mc, uma associação USB, uma tomada de influência, um cabeçalho ICSP de grau associado e um botão. O Arduino Mega 2560 dispõe de 256 K de memória não volátil, 8 K de SRAM e 4 K de EEPROM. O Arduino também é capaz de comunicar com um computador portátil, outro Arduino ou outros microcontroladores, e a biblioteca de software Serial permite estabelecer comunicação serial em qualquer pino digital da placa. O IDE do Arduino permite aos utilizadores criar programas (denominados esboços) em C ou C++ e inclui um vasto conjunto de bibliotecas para facilitar o acesso a uma série de funções.

3.7 LCD :

Um ecrã de cristais líquidos (LCD) é um ecrã plano ou outro dispositivo ótico modulado eletronicamente que utiliza as propriedades de modulação da luz dos cristais líquidos. Os cristais líquidos não emitem luz diretamente, mas utilizam uma luz de fundo ou um refletor para produzir imagens a cores ou monocromáticas. Os ecrãs de cristais líquidos estão disponíveis para apresentar imagens arbitrárias (como num ecrã de computador de uso geral) ou imagens fixas com pouco conteúdo de informação, que podem ser apresentadas ou ocultadas, como palavras predefinidas, números e ecrãs de 7 segmentos, como num relógio digital. Utilizam a mesma tecnologia de base, exceto que as imagens arbitrárias são constituídas por um grande número de pequenos pixels, enquanto que os outros ecrãs têm elementos maiores.

Os LCD são utilizados numa vasta gama de aplicações, incluindo ecrãs de computador, televisores, painéis de instrumentos, ecrãs de cockpit de aeronaves e sinalização interior e exterior. Os pequenos ecrãs LCD são comuns em dispositivos portáteis de consumo, como câmaras digitais, relógios, calculadoras e telemóveis, incluindo smartphones. Os ecrãs LCD são também utilizados em aparelhos electrónicos de consumo, como leitores de DVD, jogos de vídeo e relógios. Os ecrãs LCD substituíram os pesados e volumosos ecrãs de tubo de raios catódicos (CRT) em quase todas as aplicações. Os ecrãs LCD estão disponíveis numa gama mais vasta de tamanhos de ecrã do que os ecrãs CRT e plasma, com ecrãs LCD disponíveis em tamanhos que vão desde pequenos relógios digitais a enormes televisores de ecrã panorâmico.

Como os ecrãs LCD não utilizam fósforos, não sofrem de queima de imagem quando uma imagem estática é apresentada no ecrã durante um longo período (por exemplo, o quadro de um horário de uma companhia aérea num painel de visualização interior). No entanto, os ecrãs LCD são sensíveis à persistência da imagem[2]. Os ecrãs LCD são mais eficientes do ponto de vista energético e podem ser eliminados de forma mais segura do que os ecrãs CRT. O seu baixo consumo de energia significa que podem ser utilizados em equipamentos electrónicos alimentados por bateria de forma mais eficiente do que os ecrãs CRT. Em 2008, as vendas anuais de televisores LCD excederam as vendas de CRT em todo o mundo e o CRT tornou-se obsoleto para a maioria das utilizações.

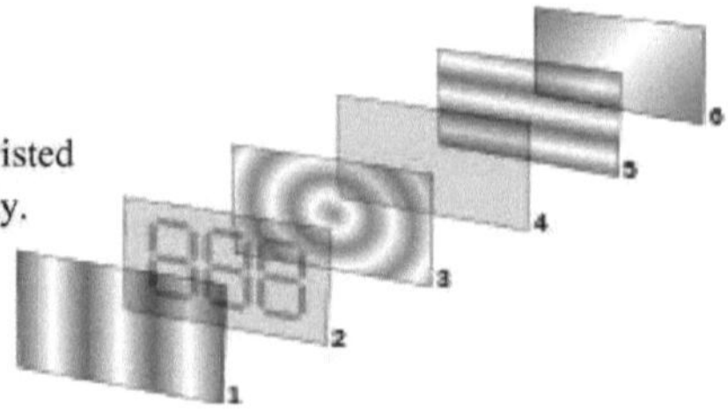

Reflective twisted nematic liquid crystal display.

Fig. 14. Camadas do ecrã LCD

1. Película de filtro polarizador com um eixo vertical para polarizar a luz à entrada.
2. Substrato de vidro com eléctrodos ITO. A forma destes eléctrodos determinará as formas que aparecem quando o ecrã LCD é ligado. As estrias verticais gravadas na superfície são lisas.
3. Cristais líquidos nemáticos torcidos.
4. Substrato de vidro com película de elétrodo comum (ITO) com sulcos horizontais para alinhar com o filtro horizontal.
5. Película de filtro polarizador com um eixo horizontal para bloquear/transmitir a luz.
6. Superfície reflectora para refletir a luz de volta para o observador. (Num ecrã LCD retroiluminado, esta camada é substituída por uma fonte de luz.

CAPÍTULO 4

OBRAS RELACIONADAS

Os contributos e o desenvolvimento no domínio da agricultura de precisão são essenciais, e estão a ser criadas muitas formas de recolher e processar informações. O desenvolvimento de redes de dispositivos sem fios para a recolha de informações tem merecido especial atenção, uma vez que os sistemas com fios se revelaram demasiado dispendiosos e complicados de gerir em ambientes agrícolas. Foram apresentadas várias propostas, como a utilização da tecnologia WLAN para criar uma rede comercial ad hoc sem fios. A WLAN é uma tecnologia perfeita para esta aplicação, uma vez que modems pequenos e de baixa potência podem ser simplesmente concebidos para comunicar entre si numa área muito grande de terreno. Mas esta proposta pretende tirar partido dos sensores equipados com Zigbee, que estão a tornar-se rapidamente uma opção popular e barata no mercado, com uma boa variedade de sensores. Existem propostas sobre a recolha de conhecimentos agrícolas utilizando o ZIGBEE, mas esta proposta apenas estabelece uma única rede limitada ao alcance dos transceptores ZIGBEE. Esta proposta utiliza um mecanismo de seguimento de linhas para alargar a área de terreno que pode ser pesquisada.

CONCLUSÃO

O sistema de agricultura de precisão proposto neste artigo oferece uma solução de baixo custo e facilmente integrada para a recolha de dados em zonas remotas. O sistema foi concebido utilizando um sistema operativo personalizado para controlar e otimizar totalmente as tarefas do sistema e está provado que recolhe e transmite eficazmente os dados para processamento posterior. O sistema pode ser facilmente expandido para suportar qualquer número de módulos de sensores, proporcionando uma solução flexível para a agricultura de precisão.

REFERÊNCIAS

1. Ulisses Mello e Lloyd Treinish. Agricultura de precisão [Online 29 July 2015].

2. Disponívelem:http://www.research.ibm.com/articles/precisionagriculture.shml

3. Atmel, "Atmel ATmega640IV -1280IV -128l/B-2560IV2561IV" datasheet, Feb. 2014.

4. Y. Jiber, H. Harroud e A. Karmouch. (2011, julho). Estrutura de monitorização da agricultura de precisão baseada em RSSF. Conferência de Comunicações Sem Fios e Computação Móvel (IWCMC), 7ª Internacional de julho de 2011, pp. 2015-2020, Istambul, Turquia.

5. N. Watthanawisuth, A. Tuantranont, e T. Kerdcharoen (2009, outubro). Monitorização em tempo real do microclima com base na rede de sensores ZigBee. IEEE Sensors, 25 de outubro de 2009, pp. I814-1818, Christ church. Nova Zelândia.

MIX
Papier aus verantwortungsvollen Quellen
Paper from responsible sources
FSC® C105338

Printed by Books on Demand GmbH, Norderstedt / Germany